ALBUM

des

PETITS NATURALISTES

Choix

de Quadrupèdes, Reptiles, Oiseaux,
Insectes — Poissons, etc.ª...

Paris,

Amédée Bédelet, Editeur,

20, Rue des Grands-Augustins.

Lithograt de J Mayer 5 Rue des Bernardins

1846

7

Anon. Ane.

Cheval

Chevaux.

Truie.

Vaches

Zèbre

Girafe

Rhinoceros,

Zébu.

Chameau.

Eléphant

Chienne.   Chien

Chat   Bichon.

Mouton   Chèvre

Cerf.   Biche. Faon.

Daim   Chevreuil.

Lièvre.   Lapin

Fouine.   Renard.

Furet   Civette.

Ecureuil.   Singe

Panthère   Hyène

Ours blanc   Loup

Tigre,   Lion.

Canard

Oie

Cygne

Faisant

Paon.

Pigeon.

Peintade.

Coq.

Dindon.

Pie.   Merle

Hibou   Becassine

Vanneau.   Pluvier.

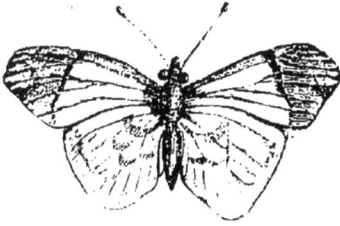 

Papillon.   Abeille

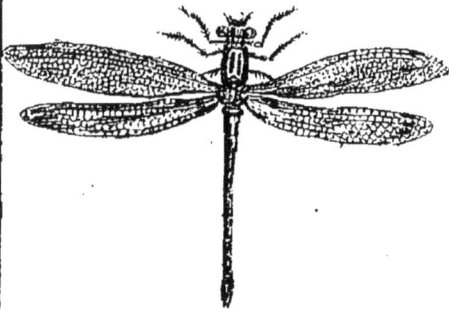 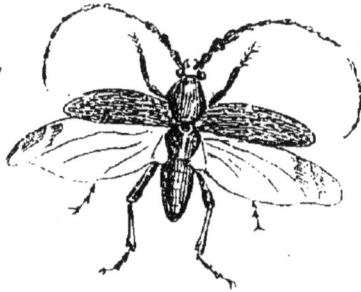

Demoiselle, Capricorne

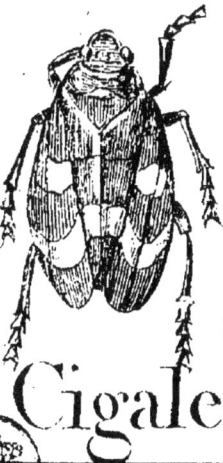 

Cigale   Sauterelle

Lezard.

Boa

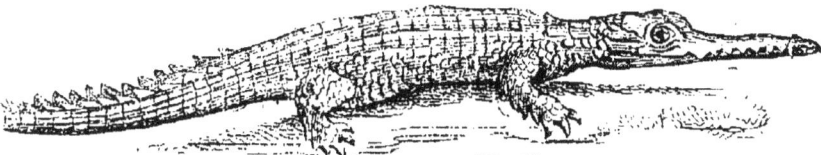

Crocodile.

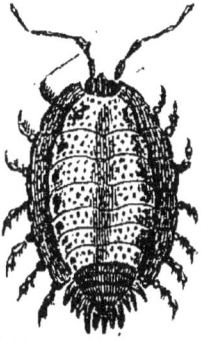 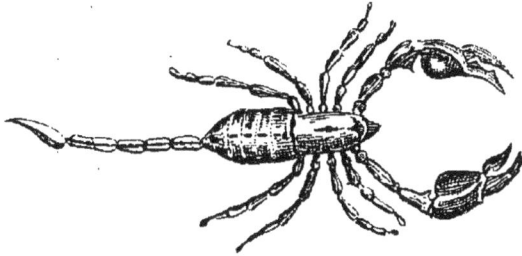

Cloporte.   Scorpion

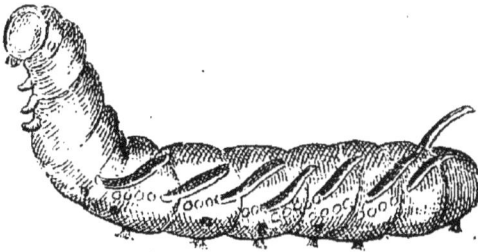

Chenille

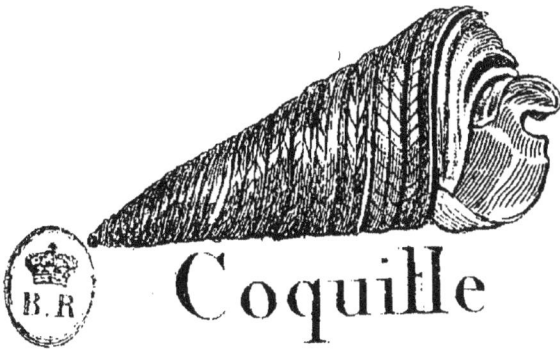

Coquille

Anguille

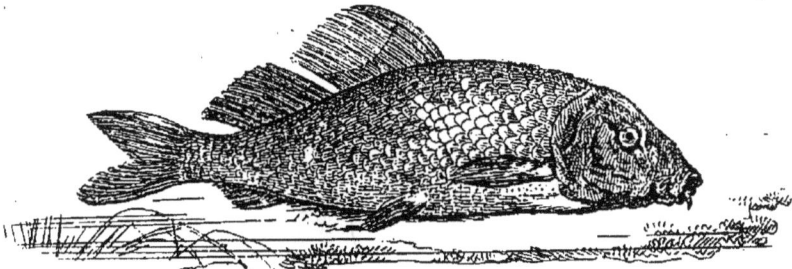

Carpe.

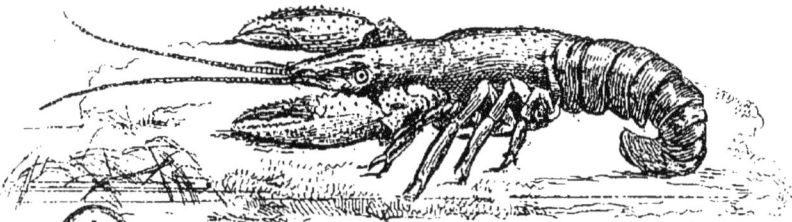

Ecrevisse.

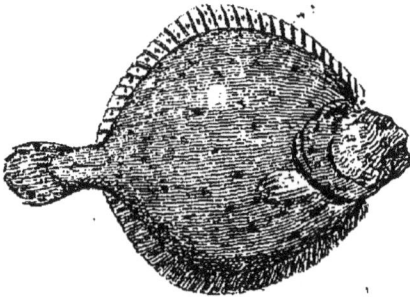

Turbot

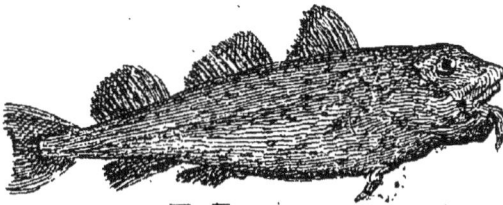

Morue

Raie.

Lamantin.

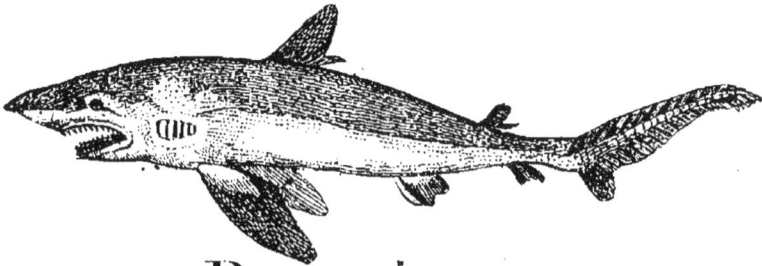

Requin

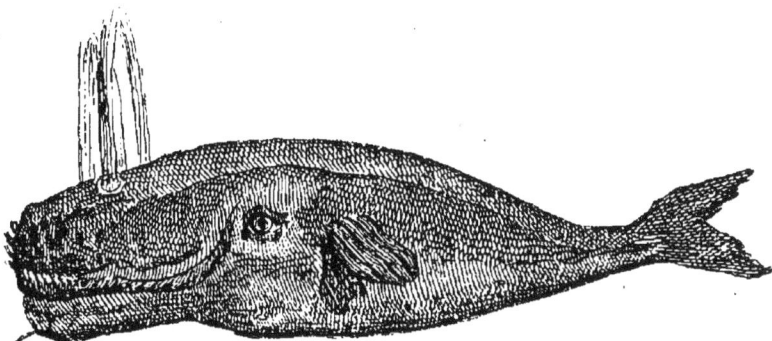

Baleine.

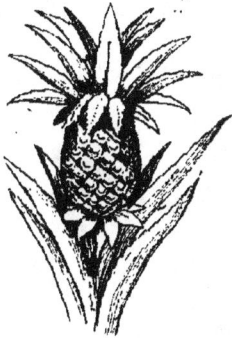

ANANAS

raisin

Iris

jonquille

BOUQUET

NID

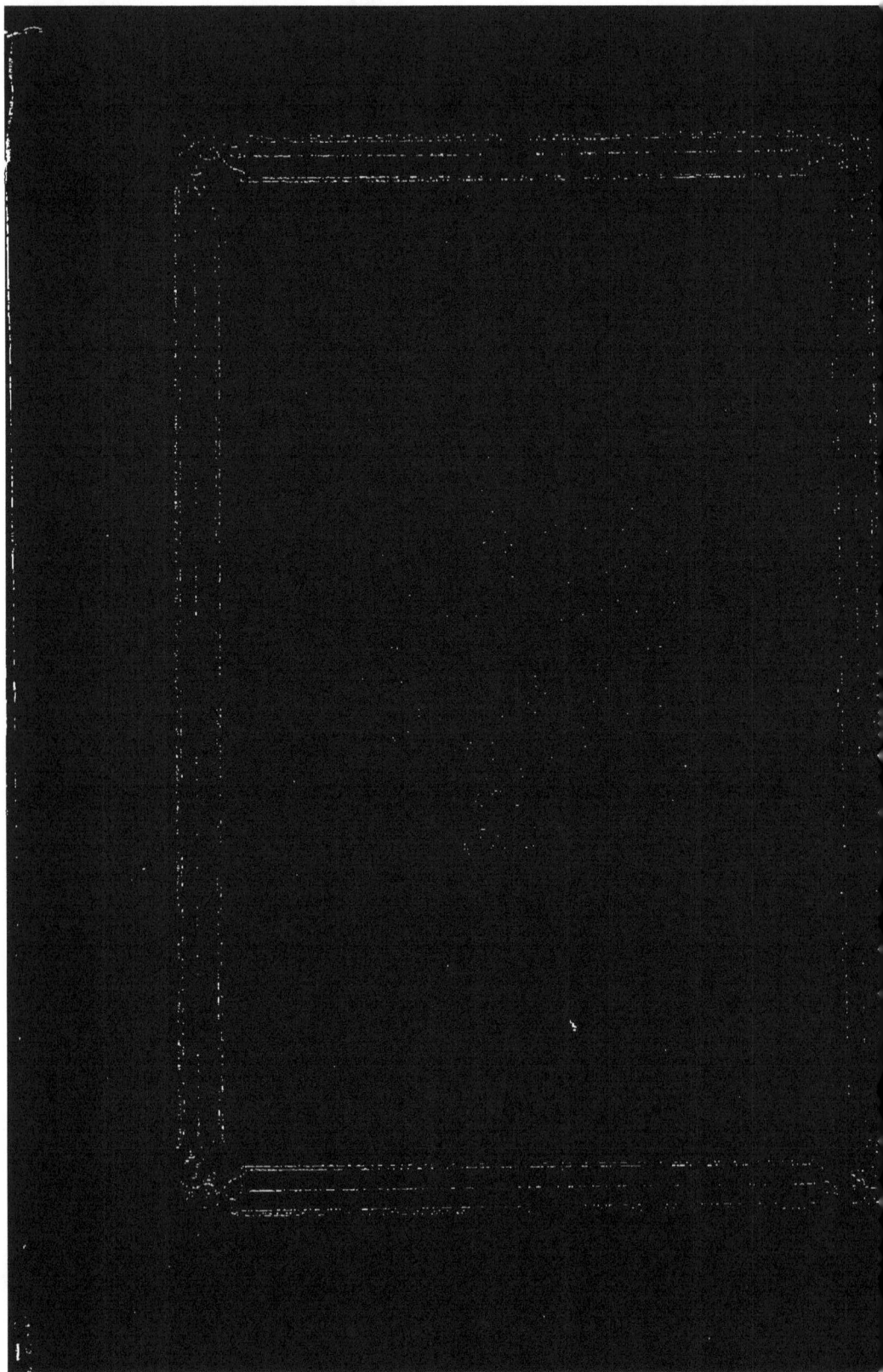